Andrea Holst
Daniela Bolze

Kolik

Ursachen • Vorbeugung • Behandlung

CADMOS
PFERDEBÜCHER

Inhalt

Was ist Kolik überhaupt? 3

Verdauung beim Pferd 3
- Anatomie und Fakten 3
- Was passiert mit der Nahrung im Pferd? 4
- Fressgewohnheiten des natürlich lebenden Pferdes 4
- Optimale Fütterungsbedingungen beim domestizierten Pferd 5

Ursachen einer Kolik 8
- Stress 8
- Bewegungsmangel 9
- Endoparasiten 10
- Sand 11
- Ernährungsfehler 12
  - *Futterqualität* 12
  - *Quantität* 13
  - *Fütterungsmanagement* 13
  - *Wasser* 14
- Infekte 14
- Geburt und Trächtigkeit 15
- Hormonelle Schwankungen 16
- Umfangsvermehrung im Bauchraum 16
- Verwachsungen und Verklebungen im Bauchraum 16
- Brüche (Hernien) 16
- Fremdkörper im Magen-Darm-Trakt 16
- Chronische Darmentzündungen 17
- Koppen 17
- Gebissfehler 17
- Wetterumschwung 18
- Giftpflanzen 18
  - *Kolikauslösende Giftpflanzen* 19

Symptome einer Kolik 20

Verschiede Kolikarten 21
- Krampfkolik 21
- Gaskolik (Windkolik) 21
- Verstopfungskolik 22
- Kolik mit Lageveränderung des Darms 23
- Kolik durch Verstopfung der Darmarterie ..24
- Innere Verlegung des Darms 24

Erste Hilfe bis der Tierarzt kommt 25

Untersuchung 25

Therapie 28
- Was kann der Tierarzt vor Ort tun? 28
- Was kann der Besitzer tun? 28
- Alternative Methoden zur Unterstützung ..30
- Kolikoperationen 31
- Heilungschancen und Risikopatienten 32

Prophylaxe 32

Impressum

Gestaltung und Satz: Ravenstein, Verden
Fotos: Daniela Bolze, Kristina Wedekind, Maren Schlack
Zeichnung: von Hacht
Druck: Grindeldruck, Hamburg

ISBN 3-86127-274-1

Was ist Kolik überhaupt?

Das Wort leitet sich aus dem Griechischen ab: *Colon* bezeichnet den Dickdarm. Kolik steht für alle Arten von Schmerzen im Bauchraum. Unter diesem Begriff versteht man keine Diagnose, sondern es beschreibt das Symptom „Bauchschmerzen". Beim Pferd erzeugt der Magen-Darm-Trakt in der Regel diese Bauchschmerzen.

Verdauung beim Pferd

Anatomie und Fakten

Das Pferd ist bekanntlich ein Pflanzenfresser. Das bedeutet, dass es unter anderem Zellulose (ein Bestandteil von Pflanzen) verdauen muss. Die Zelluloseverdauung ist besonders schwierig und störanfällig.

Wenn man vom Verdauungsapparat des Pferdes spricht, sind damit alle Organe der Verdauung gemeint von der Futteraufnahme über die Verarbeitung bis zum Absetzen der Pferdeäpfel, von den Lippen bis zum After. Er ist also eine sehr komplexe Angelegenheit.

Die Maulhöhle besteht aus Lippen, Maulschleimhaut, Gaumen, Zunge und Zähnen; beim erwachsenen Pferd sind das 36 bis 44. Dann folgen die Speicheldrüsen, der Schlundkopf, die Speiseröhre bis hinein in den Magen. Dieser ist im Verhältnis zum Pferd mit acht bis 15 Litern Fassungsvermögen relativ klein, weshalb das Pferd darauf angewiesen ist, über einen großen Zeitraum kleine Futtermengen zu sich zu nehmen. Es kann sich aus anatomischen Gründen nicht übergeben. Daher auch der Spruch: „Man hat schon Pferde vor der Apotheke kotzen sehen", wenn es darum geht, dass etwas ganz unwahrscheinlich ist.

Der Dünndarm ist in drei Abschnitte unterteilt: Zwölffingerdarm, Leerdarm und Hüftdarm. Der Zwölffingerdarm (Duodenum) ist einen Meter lang, der Leerdarm (Jejunum) etwa 25 Meter und der Hüftdarm (Ileum) rund 0,7 bis zu einem Meter. Insgesamt ist er bis zu sieben Zentimeter weit. Da der Hüftdarm (Ileum) aus einer sehr starken Muskulatur besteht, kann ein Verschluss zwischen Dünn- und Blinddarm entstehen. Im Blinddarm entwickeln sich viele Gase, die nicht nach vorn in den Dünndarm dürfen, da sie die dortigen Verdauungsvorgänge negativ beeinflussen würden und der Dünndarm zu stark gefüllt wäre.

Der Blinddarm ist etwa einen Meter lang und hat ein Fassungsvermögen von rund 33 Litern. Er liegt rechts in der Bauchhöhle. Seine Geräusche kann man gut in der rechten Hungergrube hören. Blind- und Dickdarm dienen als Gärkammern für die Zelluloseverdauung. Alle reinen Pflanzenfresser müssen Zellulose aufspalten, eine komplizierte Aufgabe, die anfällig für Störungen ist.

Der Dickdarm (Colon) unterteilt sich in drei Abschnitte. Der erste Abschnitt, das Colon ascendens, ist drei bis vier Meter lang, hat einen Durchmesser von zehn bis 50 Zentimetern und ein Fassungsvermögen von 80 Litern. Der zweite Abschnitt, das Colon transversum, ist kurz und eng und bildet immer wieder eine mögliche Stelle für Verstopfungen. Der dritte Abschnitt, das

Colon descendens, ist 2,5 bis vier Meter lang. In diesem Abschnitt hat der Darminhalt bereits Pferdeapfelform.

Den Abschluss bilden der Mastdarm (Rektum) mit einem Viertel Meter Länge und der After.

Alle Darmteile – deren Maßangaben hier nur Durchschnittswerte sein können, da sich Pferde in ihrer Größe sehr unterscheiden – sind in der Bauchhöhle in einer bestimmten Lage angeordnet und durch einen lockeren Halteapparat befestigt, so locker, dass es beim Wälzen mit aufgegastem Darm zu potenziell tödlichen Verschlingungen oder Verlagerungen kommen kann. Neben dem eigentlichen Verdauungstrakt gibt es noch so genannte Anhangsdrüsen des Darmes. Dazu gehört die Leber. Sie ist rund fünf Kilogramm schwer und produziert unter anderem bis zu zehn Litern Gallensaft pro Tag. Der wird in den Darm eingeschleust und dort unter anderem zur Verdauung von Fetten benötigt. Im Gegensatz zum Menschen besitzt das Pferd keine Gallenblase. In der Bauchspeicheldrüse werden die Verdauungsenzyme produziert, die in den Dünndarm abgegeben werden.

Wenn nur eines dieser Organe – und dazu gehören bereits die Zähne – nicht optimal arbeitet, kann es zu einer Kolik mit möglicherweise tödlichem Ausgang kommen.

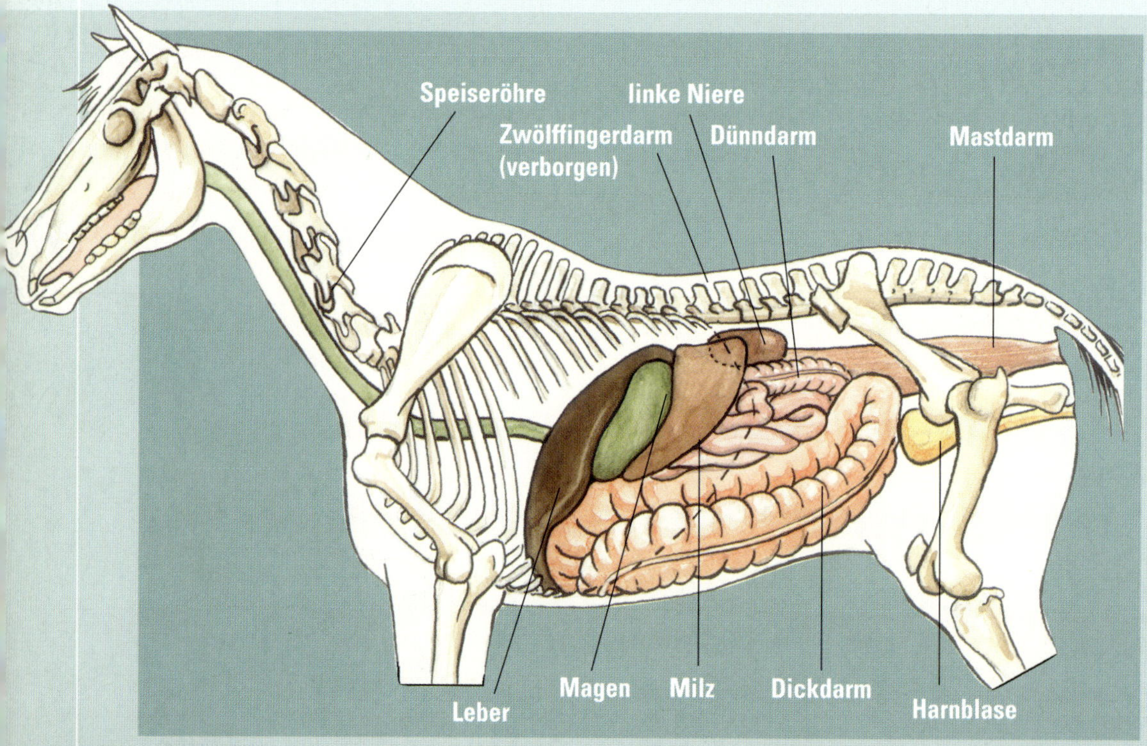

Was passiert mit der Nahrung im Pferd?

Das Pferd zerkleinert und zermalmt die Nahrung grob mit den Zähnen und speichelt sie im Maul ein. Dann wird sie durch die Speiseröhre in den Magen geleitet. Dort schließt die Magensäure die Nahrung weiter auf und sie gelangt in den Dünndarm. Die dort befindlichen Enzyme schlüsseln den flüssigen Nahrungsbrei noch weiter auf. Vom Dünndarm geht es in die Gärkammern, den Blind- und Dickdarm. Hier findet die komplizierte Zelluloseaufschlüsselung statt. Im letzten Dickdarmteil wird dem Nahrungsbrei aktiv Wasser entzogen und es bildet sich die Apfelform, die für uns später sichtbar wird. Während der Darmpassage wandern Nährstoffe durch die Darmwand in die Blutbahn.

Wenn Pferde könnten wie sie wollten, würden sie sich 24 Stunden den Bauch mit Gras voll schlagen – für die meisten gesundheitsschädlich.

Von den ersten Lippen- und Zungenbewegungen an wird die Pferdenahrung durch Muskelkontraktionen durch den gesamten Körper transportiert bis zum Schließmuskel. Um eine möglichst störungsfreie Verdauung zu ermöglichen, sollte das Pferd seinem natürlichen Bedürfnis nachgehen dürfen und nach dem Fressen ein bis zwei Stunden ruhen dürfen. Die Länge der Ruhezeit ist abhängig von der aufgenommenen Futtermenge.

Fressgewohnheiten des natürlich lebenden Pferdes

Auch wenn es in jedem Buch über Pferdehaltung und mittlerweile sogar über Ausbildung steht, kann man es gar nicht oft genug erwähnen, denn die aktuellen Zustände und Haltungsbedingungen in vielen Reitställen zeigen, dass anscheinend doch noch nicht alle ihr Wissen in die Tat umsetzen: Pferde sind Flucht- und Steppentiere. Hinter diesen beiden Begriffen steht die gesamte Entwicklungsgeschichte des Haustieres Pferd, was weniger als historische Kenntnis, als viel mehr für den Umgang und ihre Lebensbedingungen wichtig ist.

Als Fluchttier ist alles im Organismus des Pferdes darauf ausgerichtet, jederzeit von einer auf die andere Sekunde fliehen, rennen, sich schnell bewegen zu können. Von den Sehnen, Muskeln, dem Lungenvolumen, der Herzaktivität bis zur Verdauung. Das steht natürlich im Widerspruch zu einem bis obenhin voll gestopften Bauch.

Wenn man Pferde so fressen und leben lassen würde wie sie wollen, dann würden sie über den Tag verteilt bis zu 16 Stunden kleine Portionen fressen. Dabei bewegen sie sich langsam im Schritttempo mit gesenktem Kopf vorwärts. Bis zu 50.000 Mal muss ein Pferd dabei Gras abbeißen, um seinen Futterbedarf zu decken. Über zehn Kilometer legt das Tier in freier Wildbahn alleine nur bei der Futtersuche zurück. Beim Dauerfresser sind Darm und Verdauungsapparat darauf ausgerichtet, permanent kleinere Mengen an Raufutter aufzunehmen und zu verarbeiten, in Kombination mit einer stetigen, langsamen Bewegung. Zwischen den einzelnen Mahlzeiten ruhen Pferde, am liebsten eng zusammen stehend in kleinen Gruppen. Schlafend auf der Seite liegen Pferde höchstens 20 Minuten am Stück, und auch nur dann und dort, wo sie sich sicher und wohl fühlen.

Optimale Fütterungsbedingungen: Das Pferd hat über den ganzen Tag verteilt Zugang zu trocken dargebotenem Raufutter – ohne Rangkämpfe und mit genügend Bewegungsfreiraum dazwischen.

Optimale Fütterungsbedingungen beim domestizierten Pferd

Hand aufs Herz: Wer kann seinem Pferd schon derart optimale Futterbedingungen bieten? In den meisten Ställen wird zweimal, mit Glück dreimal am Tag gefüttert. Dazwischen stehen die Pferde in der Box. Auslauf gibt es – wenn sie es gut getroffen haben – im Winter höchstens kurze Zeit auf einem Matschpaddock und dann oft alleine. In vielen Ställen wird mit Spänen eingestreut, sodass auch kein Stroh zur Verfügung steht und gutes Heu ist auch oft Mangelware – stattdessen gibt's lieber reichlich Kraftfutter.

Sie sind besser als reine Boxenhaltung, ersetzen aber keine tägliche Bewegung: kleine Paddocks.

Von einer permanenten Futteraufnahme mit langsamer Bewegung sind diese Tiere weit entfernt, und genauso weit von einer gesunden Nahrungsaufnahme. Denn langfristig machen sich diese Haltungsmängel in mehr oder weniger schleichenden Gesundheitsschäden bemerkbar.

Achten Sie bei der Wahl des Stalles darauf, dass Ihr Pferd über den gesamten Tag verteilt Raufutter zu sich nehmen kann. Je nach Futtertyp des Pferdes kann das Stroh oder Heu beziehungsweise Heulage sein. Das Raufutter muss

Wenn das Pferd in der Box stehen muss, sollte man ihm unbedingt unschädliche Hölzer zum Knabbern als Beschäftigung anbieten.

unbedingt schimmelfrei, sauber und frei von Fremdkörpern oder Dreck sein. Das Futter soll vom Boden und nicht aus hoch angebrachten Raufen gegeben werden. Optimal sind so genannte Bewegungsställe, bei denen das Pferd sich frei vom Fress- zum Liege- und zum Tränkeplatz bewegen kann und muss. Wer das nicht hat, sollte darauf achten, dass das Tier zumindest während des Tages über mehrere Stunden auf einen genügend großen Auslauf kommt, am besten mit Pferdefreunden zusammen. In zu kleinen, vermatschten Ausläufen besteht kein Bewegungsanreiz für die Tiere und sie stehen genauso still herum wie in der Box. Einziger Vorteil: frische Luft.

Dosieren Sie auch die Kraft- und Krippenfuttergaben für Ihr Pferd auf mehrere kleine Gaben über den Tag verteilt, Minimum drei, besser noch fünf (was aber kaum zu leisten ist). Und überprüfen Sie dringend den tatsächlichen Bedarf Ihres Pferdes. Viele erhalten viel zu viel Kraftfutter!

Wenn Ihr Pferd aus gesundheitlichen Gründen auf Spänen stehen muss, bieten Sie ihm Äste und ungiftige Hölzer zumindest als Beschäftigungstherapie an und natürlich große Mengen an Raufutter mehrmals täglich.

Achten Sie auch in großen Sandausläufen darauf, dass die Tiere Knabberalternativen haben, denn sonst neigen sie zum Sandfressen. Aber bitte keine Tannenbäume in Matschpaddocks, da die Pferde darüber sonst doch wieder Sand aufnehmen.

Und sorgen Sie dafür, dass Ihr Pferd stressfrei fressen kann, ohne Angst zu haben, ihm würde das Futter streitig gemacht. Dieses Problem tritt nicht nur in Freilaufhaltung auf, sondern auch in der Box, wenn sich die Boxennachbarn beim Fressen angiften. In dem Fall sollte man versuchen, entweder einen freundschaftlicheren Nachbarn zu finden oder in der diagonal versetzten Boxenecke zu füttern, sodass keinerlei Blickkontakt entsteht.

Hinweis:

Besonders schwierig kann die Kraftfuttergabe in einer Offenstallhaltung werden, wenn keine Fressstände vorhanden sind. Ein preisgünstiger Trick sorgt aber auch hier für stressfreies Fressen bis zum rangniedrigsten Pferd: Entfernen Sie von normalen Zehnlitereimern die Metallhenkel. Bohren Sie stattdessen an die Seite Löcher und fädeln Sie durch diese individuell auf das Pferd angepasste breitere Kordeln. Zum Fressen werden die Kordeln einfach über die Ohren gestülpt, sodass das Pferdemaul im Eimer ist. Selbst wenn ein ranghöheres Tier ein rangniedrigeres wegjagen will, flieht das Unterlegene immer mit seinem Futter ‚an Bord' und diese Art der Fressgier stellt sich nach kurzer Zeit wegen Erfolglosigkeit von selbst ein. Entfernen Sie die Eimer rechtzeitig wieder, da einige Pferde damit trinken wollen und den Eimer bis über die Nüstern voll laufen lassen.

Ursachen einer Kolik

Es gibt eine ganze Reihe von Auslösern für Koliken. Je genauer man diese kennt, desto besser kann man nicht nur eine akut bestehende Kolik therapieren, sondern diese im Vorfeld schon vermeiden.

Stress

Pferde reagieren viel feiner auf äußere Einflüsse, als es viele Reiter und Besitzer wahrnehmen. Sie können ähnlich wie wir Freude, Kummer und vor allem Stress empfinden. Bei einem besonders engen und intensiven Pferde-Mensch-Verhältnis kann es so weit gehen, dass das Tier sogar direkt und adäquat auf die Stimmung des Menschen reagiert. Und auch die Reaktionen sind vergleichbar: von Muskelverspannungen über Stimmungsschwankungen (Unlust, Nervosität, Trauer) bis hin zur Kolik.

Für einige Pferde können ständige Rangkämpfe in der Herde immer wieder so stressbeladen sein, dass es zur Kolik kommt. (Foto: Kristina Wedekind)

Stressauslöser für Pferde können sein:

- Stall- oder Weidewechsel
- neue Weidegenossen und damit Rangkämpfe
- Futterneid
- Kummer durch Verlust eines Pferdekumpels oder durch Besitzerwechsel
- Leistungsdruck (Turnierstress; zu plötzliche starke reiterliche Beanspruchung)
- außergewöhnliche Unruhe und Dauerlärm im Umfeld
- gestresster Reiter oder Besitzer
- generell nervöse Pferde
- zu viel oder zu wenig Verkehr an der Box (individuelle Vorlieben)
- Antipathie zum Boxennachbarn

Nicht alle Sportcracks stecken einen Turnier-Wettkampf so locker weg. Viele lassen sich auch von der Nervosität rund herum anstecken – Kolikgefahr!

Eine häufige Ursache für Koliken ist Bewegungsmangel – unter dem kein Pferd leiden sollte.

Bewegungsmangel

Wie bereits erwähnt, ist das Pferd ein Fluchttier. Sein gesamter Organismus ist darauf ausgerichtet, sich stetig fortzubewegen und dazu in der Lage zu sein, von jetzt auf gleich loszurennen. Zum Wohlfühlen gehört für das Pferd deshalb eine individuell abgestimmte Bewegungsmöglichkeit. Denn Pferde haben je nach Rasse und auch Alter einen sehr unterschiedlichen Bewegungsbedarf. Nur wenn der ausgelebt wird, können alle Organe gesund miteinander funktionieren – eben auch der Verdauungstrakt. Wenn man von einem Bewegungsbedarf spricht, dann bedeutet das tägliche Bewegung und nicht zwei Mal die Woche, wie es in den Terminkalender passt. Das trifft vor allem für Boxenpferde zu, denn Offenstallpferde können im Idealfall selbst entscheiden, wie viel sie sich bewegen wollen. Aber auch sie können das nur dann, wenn der Auslauf groß genug ist und die Bodenverhältnisse Aktionen zulassen. Zu einer optimalen, gesunden Verdauung gehört nun einmal Bewegung, etwas, das genauso auf den Menschen zutrifft und das viele aus eigener Erfahrung nachvollziehen können.

Wer sein Pferd nicht regelmäßig ausreichend bewegen kann, muss unbedingt darauf achten, die Bewegung langsam zu steigern und nicht mit Vollgas ins Gelände zu preschen oder ohne ausreichende Aufwärmphase (mindestens 15 Minuten am langen Zügel!) Höchstleistungen in der Bahn oder dem Parcours zu verlangen.

Endoparasiten

Bei weit über der Hälfte aller Koliker sind Endoparasiten mit im Spiel, wenn nicht sogar die Ursache. Dazu zählen Band- und Rundwürmer und Insekten (Magendassellarven). Zum einen stellen Endoparasiten ein Problem als Nahrungskonkurrenten für das Pferd dar. Stark mit Endoparasiten befallene Pferde sind trotz ausreichender Futteraufnahme dünn und haben dabei einen relativ großen Bauchumfang (der so genannte Wurmbauch). Die Pferde magern ab und es treten Mangelerscheinungen auf. Zum anderen machen Endoparasiten eine Körperwanderung im Pferd durch. So werden nicht nur der Magen-Darm-Trakt, sondern auch andere Organe (zum Beispiel Lunge und Leber) geschädigt. Je größer die Anzahl der Endoparasiten wird, desto mehr Probleme verursachen sie. Durch Endoparasitenbefall kann ein Pferd auch sterben. Auch eine durch Endoparasiten verursachte Kolik kann tödlich sein.

Es ist sehr wichtig, sein Pferd mindestens viermal im Jahr zu entwurmen, weil die Population der Mit-Esser nicht zu groß werden darf. Je mehr Endoparasiten im Pferd sind, desto mehr werden bei der Gabe einer Wurmkur geschädigt und getötet. Diese abgestorbenen oder stark geschädigten Endoparasiten stellen für den Pferdeorganismus zwei große Probleme dar: Erstens entwickeln sich Gifte im Magen-Darm-Trakt; zweitens können sich die Würmer zu großen Knäueln zusammenballen und diese Knäuel können nur schwer durch den langen, teilweise engen Darm nach außen befördert werden. Das bedeutet, dass häufiges Entwurmen wesentlich nützlicher und für das Pferd schonender ist, als wenn selten entwurmt wird. Die Koliken, welche durch die Gabe einer Wurmkur entstehen können, sind in der Regel keine direkten Unverträglichkeitsreaktionen auf das Entwurmungspräparat, sondern eine Reaktion darauf, dass viel zu viele Endoparasiten im Pferd absterben oder geschädigt werden.

Pferde sollten also mindestens viermal im Jahr entwurmt werden. Wechseln Sie den Wirkstoff des Wurmpräparates, da sonst die Würmer resistent werden. Es nützt nichts, nur das Wurmpräparat zu wechseln, wenn das neue zur selben Wirkstoffgruppe gehört. Es gibt die Avermectin-, die Pyrimidin-, die Benzimidazolgruppe und das Praziquantel. Lassen Sie sich bitte unbedingt von Ihrem Tierarzt beraten. Im Winter sollte man dringend ein Präparat wählen, das auch die Magendassellarven abtötet. Eine gründliche Weide- und Boxenhygiene ist sehr wichtig, da dadurch der Parasitenbefall vermindert wird. Hygiene kann aber niemals als Ersatz für eine regelmäßige Entwurmung dienen.

Entscheidend ist nicht der Handelsname des Präparates, sondern viel mehr die Inhaltsstoffe.

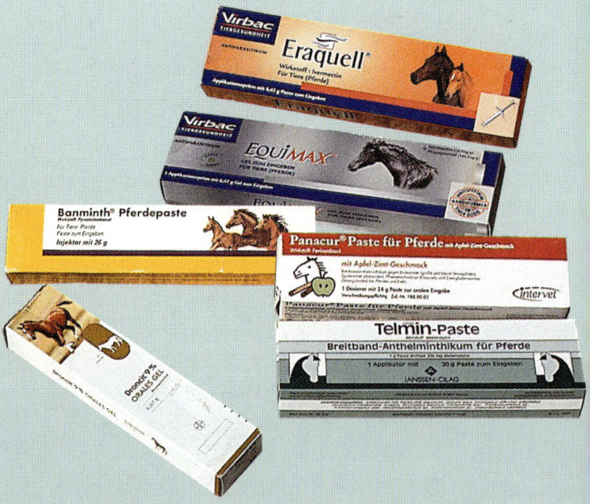

Zu weit heruntergefressene Weiden und reine Sandpaddocks bergen ein großes Risiko für Sandkoliken.

Pferde, die das Sandlecken einfach nicht lassen können, müssen auch auf dem Paddock einen Maulkorb tragen – besser als Boxenzwang.

Sand

Immer wieder ist eine vermehrte Sandaufnahme die Ursache für Kolik. Das Pferd nimmt dann zu viel Sand und Erde auf, wenn es auf einer Weide mit einer zu kurzen oder mageren Grasnarbe steht, sodass beim Abbeißen die Wurzeln inklusive Sand mit geschluckt werden. Besonders gefährdet sind Pferde in Ausläufen, in denen im Frühjahr vereinzelt kleine Grashalme nachwachsen. Aber auch solche Fütterungsmethoden, bei denen das Raufutter direkt auf die Erde gestreut wird, begünstigen eine schädliche Sandaufnahme. Wenn nicht in ausreichender Menge Futter vorhanden ist, sammeln die Pferde bei dem Versuch, auch noch den letzten Halm abzubekommen, viel Sand mit auf.

Es gibt aber auch immer wieder Kandidaten, die nicht einmal Gras als Alibi brauchen, um Sand zu fressen: Sie tun es gleich so, pur. Da hilft eigentlich nur ein ausreichendes Alternativangebot an Knabbereien (Stroh und Äste) oder der Maulkorb selbst auf dem Paddock, sofern eine Mineral- und Spurenelement-Mangelsituation als Ursache des Sandfressens sicher ausgeschlossen werden kann. Vorsicht: Manchmal kann gerade das gut Gemeinte eine Kolik verursachen. Viele Pferde, die wetterbedingt zwangsläufig in Matschausläufen stehen, ziehen sich die Knabberäste in den Matsch und nehmen dabei viel Sand mit der Rinde auf. So besteht die Gefahr einer Sandkolik. In so einem Fall sollten Sie versuchen, die Äste sicher an Zaun, Raufe oder Stall zu befestigen.

Auch Boxenpferde nehmen zum Teil zu viel Sand auf, wenn das Futter oder die Einstreu mit Sand verunreinigt sind. Deswegen ist es so wichtig, auf eine saubere Futterlagerung zu achten.

Es gibt die Möglichkeit, regelmäßig eine Kur mit so genannten Flohsamen (die Samen einer Pflanze aus Südamerika) zu machen. Sie quellen im Magen-Darmbereich auf und waschen den Sand auch aus den tiefen Darmzotten aus. Der Sand mit den Flohsamen wird dann beim Äppeln mit ausgeschieden.

Durch eine einfach durchzuführende Sedimentationsprobe kann man problemlos feststellen, ob das Pferd oral zu viel Sand aufnimmt.

Hinweis

Wer sein Pferd unter oben genannten Bedingungen stehen hat, sollte regelmäßig überprüfen, ob sich Sand im Kot befindet. Dazu gibt es einen einfachen Trick: Lassen Sie sich von Ihrem Tierarzt einige lange Untersuchungshandschuhe geben oder nehmen Sie eine Plastiktüte (zum Beispiel kleine Müllbeutel, die Sie dann mit einer Ecke nach unten aufhängen). Sammeln Sie einige Kotballen Ihres Pferdes vorsichtig auf und füllen Sie sie zusammen mit so viel Wasser in den Handschuh, bis die Handfläche gefüllt ist. Diese Pferdeäpfel dürfen vorher nicht auf sandigem Boden gelegen haben. Vermengen Sie alles gut und hängen Sie den Handschuh an einen bewegungsfreien Ort. Am nächsten Tag können Sie in den Fingerspitzen (oder der Tütenecke) fühlen, ob sich Sand abgesetzt hat oder nicht. So einen Test bezeichnet man als Sedimentationsprobe.

Ernährungsfehler

Was und wie gefüttert wird, das ist leider immer wieder Auslöser für schmerzhafte Koliken, die hätten vermieden werden können.

Futterqualität

Kraftfutter:

Getreide, Pellets, Müsli und alle anderen Kraftfuttermittel müssen hygienisch einwandfrei sein. Das bedeutet frei von Pilzen, Milben, Bakterien und Dreck. Beachten Sie unbedingt das Verfallsdatum. Um diesen Standard zu gewährleisten, muss Futter in trockenen, schimmelfreien Tonnen oder Futterwagen aufbewahrt werden, zu denen weder Mäuse, noch die Pferde selbst freien Zugang haben. Offen stehende Futtersäcke bedeuten für Nager eine schriftliche Einladung für Fressgelage.

Raufutter:
Egal ob Silage, Heulage, Heu oder Stroh: Auch hier darf es keinen Schimmel geben und keinen Dreck. Heu muss mindestens zwei, besser noch vier Monate abgelagert sein, bevor es an die Pferde verfüttert werden kann. Denn auch hier findet durch das Trocknen ein Gärungsprozess statt, der beim Verfüttern unbedingt abgeschlossen sein muss. Je älter das Heu ist, desto nährstoffärmer wird es, was Sie für die Futtermenge berücksichtigen müssen, was aber auch ein Vorteil für sehr leichtfuttrige oder für Hufrehe anfällige Tiere sein kann.

Achten Sie beim Kauf oder der Herstellung von Heulage und Silage darauf, dass genügend Folienbahnen gewickelt wurden, diese auch nach dem Transport unversehrt sind und die Ballen gleich nach dem Wickeln auf die flache Seite gestellt werden. Sonst erhöht sich das Risiko von Schimmelbildung. Ein angebrochener Heulage- oder Silageballen sollte je nach Feuchtigkeitsgehalt und äußerer Witterung spätestens nach ein bis zwei Wochen aufgebraucht sein.

Quantität
Natürlich richtet sich die Futtermenge individuell nach jedem Pferd. Zum einen nach seinem aktuellen Futterzustand, aber auch nach seinem Leistungsbedarf, der Rasse, seiner Leicht- oder Schwerfuttrigkeit und nach dem Nährstoffgehalt des Futters. Der Hauptanteil sollte für das Pferd aus Raufutter bestehen. Der Bedarf an Kraft- und Krippenfutter ist viel geringer, als allgemein angenommen. Fast alle durchschnittlichen Reit- und Freizeitpferde, die im Schnitt eine Stunde am Tag bewegt werden, kämen ausschließlich mit gutem Raufutter, Mineralien und Salzen aus – ohne ein Gramm Kraftfutter. Deswegen sollten Sie die Gabe an Kraft- oder Krippenfutter (Pellets, Getreide, Müsli) so gering wie möglich halten, da es bei den wilden Vorfahren auch nicht auf der Speisekarte stand und der Verdauungsapparat des Pferdes nicht optimal darauf ausgerichtet ist. Bei einem hohen Kraftfutteranteil und wenig Raufutter erhöht sich das Risiko von Magenschleimhautentzündungen und -geschwüren.

Bei einem etwa 500 Kilo schweren Pferd rechnet man mit einem knappen Ballen Heu (etwa neun bis 15 Kilogramm, je nach Qualität) am Tag. Je leichtfuttriger Ihr Pferd ist, je eher es zu Fettpölsterchen neigt, desto nährstoffärmer sollte das Raufutter sein: Stroh – vorjähriges Heu – diesjähriges Heu – Heulage. Bitte wenn möglich nicht die Menge einschränken, da der Darm des Tieres beschäftigt werden muss.

Fütterungsmanagement
Ganz wichtig für den Dauerfresser Pferd ist ein fast permanentes Raufutterangebot – und gerade dieses ist aus mehreren Gründen so gut wie nie umsetzbar, entweder aus Zeit- beziehungsweise Personalmangel oder weil die Pferde schlicht zu fett werden. Aber eine Fütterung mindestens zweimal am Tag muss machbar sein, sonst sollte man die Versorgung in andere Hände geben, der Gesundheit der Tiere zuliebe. Wenn Kraftfutter gegeben wird, dann erst rund 30 Minuten nachdem das Tier bereits die Möglichkeit hatte, Raufutter zu sich zu nehmen. So kann der Darm auch dieses Futter besser aufschließen und ist mit dem komprimierten und oftmals wärme- und chemisch behandelten Futter nicht überfordert. Wenn Sie Ihr Pferd im Futter umstellen müssen, egal ob beim Kraftfutter (und dort auch nur zwischen unterschiedlichen Marken) oder beim Raufutter, muss diese Umstellung immer behutsam

Gammeliges Raufutter in jedweder Form gehört nicht auf den Speiseplan für Pferde ...

... genauso wenig wie verdrecktes Trinkwasser. Beides kann Koliken auslösen.

und langsam erfolgen, niemals von einem Tag auf den anderen. Versuchen Sie, die Umstellung über eine Woche zu ziehen, indem Sie den Anteil des neuen Futters immer weiter erhöhen, bis er schließlich das alte Futter ersetzt.

Wasser

Auch das Wasser für Pferde muss Trinkwasserqualität haben. Das sollte man vor allem dann untersuchen lassen, wenn das Tränkewasser aus einem Naturgewässer oder Privatbrunnen kommt. Häufig findet man dort Kolibakterien oder andere Keime, die dem Pferd ebenso schaden wie dem Menschen. Außerdem darf das Wasser keine offensichtlichen Verschmutzungen von Algen, Tierkot und Dreck aufweisen. Und ganz wichtig: Pferde müssen ganzjährig jederzeit Zugang zum Wasser haben. Vor allem im Sommer, an extrem kalten Tagen und laktierende (Milch gebende) Stuten.

Infekte

Infekte können Koliken auslösen, wenn sie direkt im Magen-Darm-Trakt entstehen, also zum Beispiel über Salmonellen, die einerseits über Futtermittel, aber auch von Pferd zu Pferd übertragen werden.

In vielen Fällen sind aber auch andere Infekte, wie Atemwegsinfekte oder fiebrige Infekte Kolikauslöser. Oftmals sind die Tiere durch Husten oder

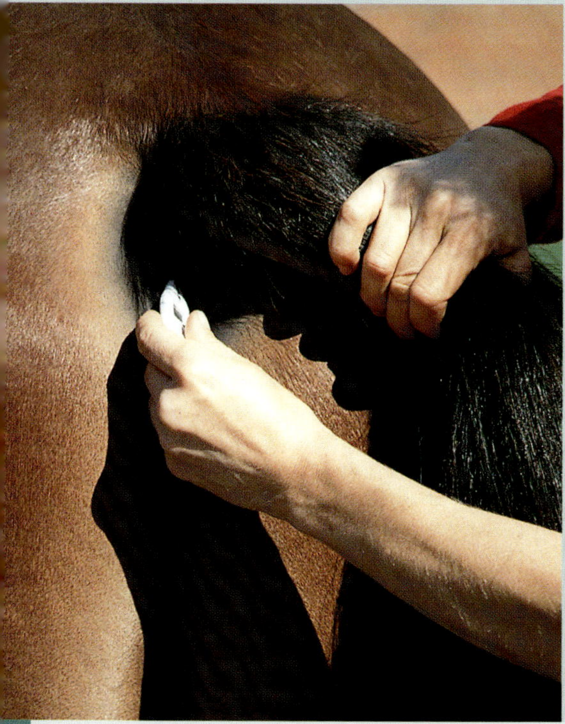

Eine erhöhte Körpertemperatur ist ein Anzeichen für einen Infekt.

andere Infekte appetitlos und fressen unregelmäßig. Dadurch wird der Darm nicht mehr ausreichend versorgt und es kann zur Kolik kommen. Deshalb ist es besonders wichtig, bei einem gesundheitlich angeschlagenen Pferd sorgsam auf Kolikanzeichen zu achten und extrem achtsam bei der Fütterung zu sein.

Geburt und Trächtigkeit

Es ist leicht nachvollziehbar, warum trächtige Stuten für Koliken anfällig sind: Es wird schlicht eng im Bauchraum. Der Darm hat weniger Platz, der Nahrungsbrei kann nicht mehr problemlos durch den Verdauungsmuskel transportiert werden. Manchmal werden Darmteile durch das wachsende Fohlen in Ecken des Bauchraumes geschoben, wo sie nicht genügend Platz haben – es kommt zur Kolik. Deshalb ist es bei trächtigen Stuten so extrem wichtig, ihnen permanent Futter zur Verfügung zu stellen, damit sie jederzeit kleine, für sie verdaubare Mengen zu sich nehmen können.

Es kommt zwar seltener vor, sollte aber nicht unerwähnt bleiben: Manchmal kann es auch durch den Geburtsvorgang, also das extreme Pressen, zu einer Drucksteigerung im Bauchraum und damit zur Kolik kommen.

Sowohl das wachsende Fohlen im Bauch kann bei der Mutterstute Bauchschmerzen auslösen, als auch die Presswehen bei der Geburt. Eine Geburtskolik kann entstehen.

Hormonelle Schwankungen

Einige Stuten koliken – sehr zum Verdruss ihrer Besitzer – bei jeder Rosse. Wahrscheinlich sind diese Koliken ausgelöst durch die hormonellen Schwankungen, jedoch können auch krankhafte Veränderungen (zum Beispiel Tumore) auf den Eierstöcken dafür verantwortlich sein.

Umfangsvermehrung im Bauchraum

Unter einer Umfangsvermehrung im Bauchraum versteht man Abszesse, Tumore und Blutergüsse. Sie schränken die Beweglichkeit der einzelnen Darmabschnitte im Bauchraum ein und es kommt zur Kolik. Deswegen sollte man dem Tierarzt unbedingt bei einem Kolikverdacht mitteilen, wenn man von Rangeleien und Schlägen weiß, bei denen der Patient involviert war.

Verwachsungen und Verklebungen im Bauchraum

Diverse Organanhänge (zum Beispiel Leber oder Bauchspeicheldrüse) können untereinander verkleben. Das passiert durch angeborene Anomalien, durch abgeschlossene Entzündungsprozesse oder Operationen in der Bauchhöhle. Auch in diesem Fall kommt es zu Einengungen und der Darm kann nicht störungsfrei arbeiten.

Brüche (Hernien)

Bei Brüchen im Bauchraum handelt es sich natürlich nicht um Knochenbrüche, sondern dazu gehören zum Beispiel Nabel- und Leistenbrüche. Es kann an der gesamten Bauchnaht und in der Bauchhöhle zu diesen Hernien kommen. In der Regel sind sie angeboren, können sich aber auch durch nicht schließende Operationswunden oder Traumata bilden. Kolik fördernd sind diese Brüche dann, wenn durch die Bruchpforte Darmschlingen wandern und sich nicht mehr zurückverlagern. Dann wird dieser Darmteil abgeklemmt und stirbt ab. Dies kann tödlich enden.

Fremdkörper im Magen-Darm-Trakt

Es kommt zwar selten vor wenn ein ausreichendes einwandfreies Futterangebot besteht, aber es passiert doch: Pferde nehmen beim Fressen Steine, Plastik oder andere Fremdkörper auf. Sie können nicht zerkleinert werden und blockieren den Darm. In einigen Fällen sondern sie auch Gifte ab, da sich die Fremdkörper durch die Verdauungssäfte chemisch verändern.

Es können sich allerdings auch von innen Fremdkörper bilden, indem sich mit der Nahrung aufgenommene Salze und Kristalle miteinander verbinden und so zu immer weiter wachsenden „Steinen“ im Darm werden. Dadurch kann der Verdauungsbrei den Darm nicht mehr ungehindert passieren.

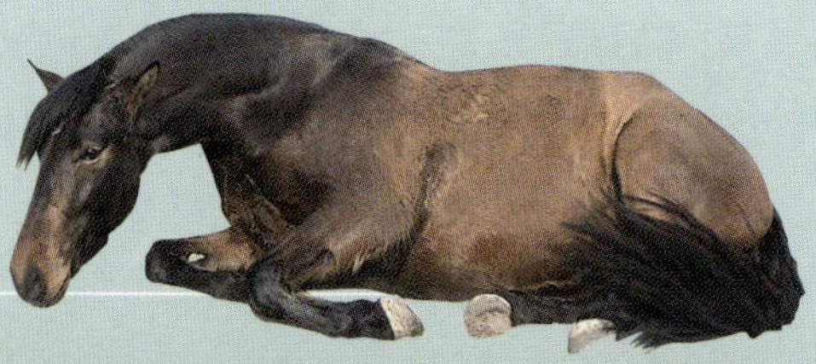

Chronische Darmentzündung

Chronische Darmentzündungen entstehen durch Bakterien und Viren (zum Beispiel Salmonellen) oder durch Sand. Sand wirkt im Darm wie Schmirgelpapier und reibt die für die Verdauung lebenswichtigen Darmzotten regelrecht ab.

Koppen

Beim Koppen – einer Art Luftschnappen als Ausdruck psychischer Belastung – gelangt zu viel Luft in den Magen-Darm-Trakt. Eine lückenlose Darmtätigkeit ist nicht mehr gegeben und die Pferde neigen zur Kolik. Noch mehr als andere, müssen solche Pferde über ein ausreichendes Raufutterangebot verfügen.

So eine Heurolle ist ein sicheres Indiz für Zahnprobleme. Hier muss unbedingt der Tierarzt die Zähne kontrollieren und gegebenenfalls korrigieren.

Kopper, wie dieser Aufsatzkopper, sind durch die vermehrte Luftaufnahme besonders kolikgefährdet.

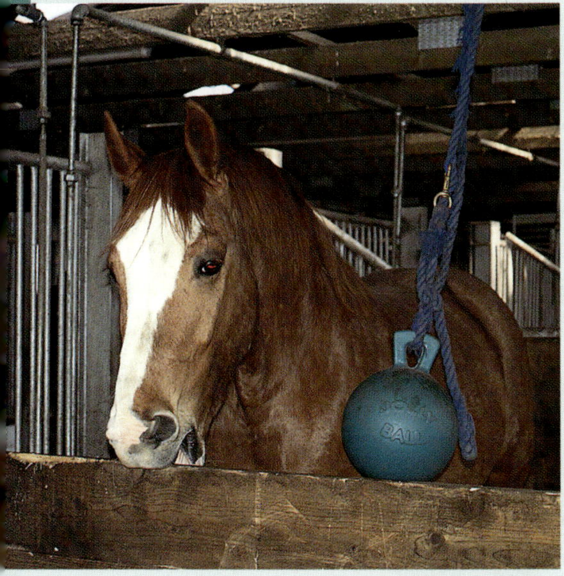

Gebissfehler

Das Gebiss ist der Anfang des Verdauungsapparates. Wenn die Nahrung hier nicht ausreichend vorbereitet und zerkleinert werden kann, muss es zwangsläufig im weiteren Verlauf der Verdauung zu Belastungen und Störungen kommen. Zahnhaken, Zahnlücken, Karies, Entzündungen des Zahnfleisches und der Zahnwurzeln verhindern ein ausreichendes Zerkleinern der Nahrung. Beobachten Sie Ihr Pferd in Abständen immer mal wieder beim Fressen: Frisst es das Kraftfutter restlos auf? Fallen ihm Futterteile beim Kauen aus dem Maul? Entstehen so genannte Futterrollen beim Raufutter, also kleine, je nach Größe des Pferdes zigarrengroße angekaute Halmrollen? Jedes Pferdemaul – egal ob das des Reitpferds oder des Gnadenbrotpferds – muss einmal im

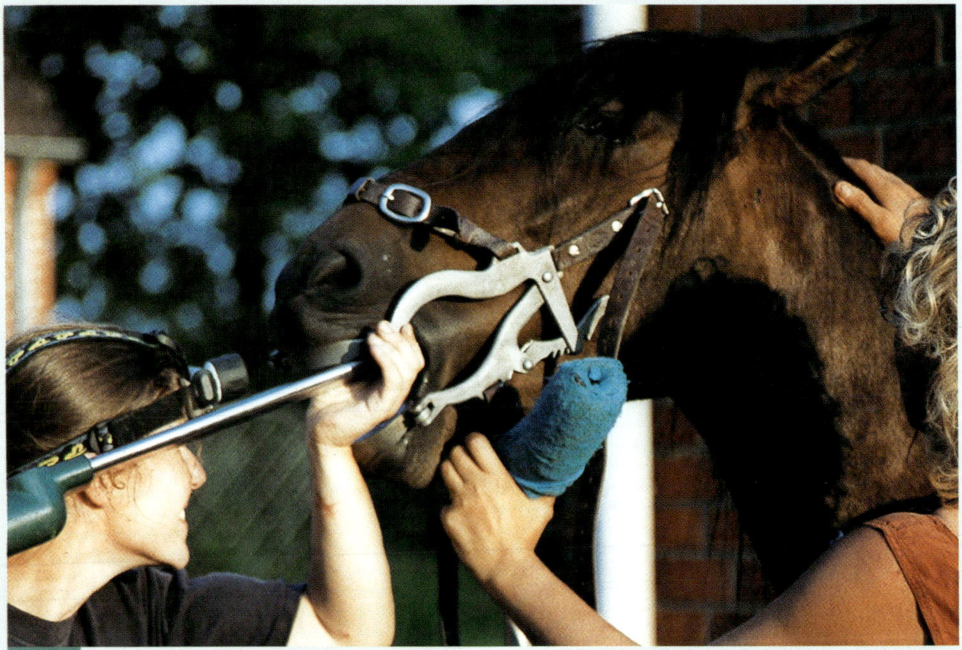

Sieht martialisch aus, sollte aber regelmäßig gemacht werden: Zahnkorrektur.

Jahr durch den Tierarzt untersucht werden. Gegebenenfalls muss eine Zahnbehandlung durchgeführt werden. In freier Wildbahn verhungern Tiere, deren Gebiss nicht mehr optimal arbeitet. Und leider auch immer noch in einigen Ställen vor vollen Trögen.

Wetterumschwung

Tierärzte können schon am Wetterbericht absehen, dass sie mit aller Wahrscheinlichkeit ihre Abendverabredung absagen können. Denn viele Pferde reagieren bei extremen Wetterumschwüngen mit Kolik. Wenn das vorhersehbar ist, sollte man sich als Besitzer mit den Rundumbedingungen darauf einstellen: angepasste Bewegung, sorgfältigste Fütterung, Pferdedecken den neuen Temperaturen anpassen oder eben weglassen.

Giftpflanzen

Mag sein, dass wild lebende Pferde zwischen guter und schlechter Nahrung unterscheiden können. Doch unsere domestizierten Pferde, vor allem solche, die sich mit einem engen Futterangebot arrangieren müssen, sind dazu nicht mehr in der Lage. In ihrer Gier schnappen sie nach allem, was ihnen vor die Lippen kommt. Und darunter sind nicht selten Pflanzen, die giftig und Kolik auslösend sind. Achten Sie unbedingt darauf, dass weder am Stall oder Auslauf, noch auf der Weide oder direkt hinterm Zaun Giftpflanzen

Jakobskraut

und Büsche wachsen – vor allem auch beim Angebot von Knabberhölzern oder bei Holzschredder als Paddock- und Reitplatzbelag. Und auch beim Snack vom Wegesrand während des Rittes, muss man als Reiter wachsam sein.

Wenn Ihr Pferd eine der unten aufgeführten giftigen Pflanzen gefressen hat, teilen Sie dies bitte dem Tierarzt mit, da er dann gegebenenfalls ein Gegenmittel geben kann und weiß, welche Art von Kolik auftreten wird. Rufen Sie sofort den Tierarzt. Entfernen Sie das Tier von der Giftquelle. Geben Sie kein Kraftfutter, wenn überhaupt, dann nur Raufutter bis der Tierarzt kommt. Er kann den Magen entleeren und durch Salze und Öle die Ausscheidung über den Darm beschleunigen. Mit Hilfe medizinischer Kohle kann er die Gifte binden.

Kolikauslösende Giftpflanzen

Falsche Akazie:

Findet sich in vielen Ziergärten. Sie löst Krampfkoliken aus.

Gemeines und Jakobskreuzkraut:

Blüht auf Wiesen. Es löst Verstopfungskoliken aus.

Herbstzeitlose:

Sie löst Koliken mit schweren, blutigen Durchfällen aus.

Lebensbaum, Buchsbaum, Goldregen:

Gern gepflanzte Ziersträucher und Beetumrandungen. Sie alle lösen Krampfkoliken aus.

Diese Liste ist nicht vollständig, es geht hier nur um solche Giftpflanzen, die Kolik auslösen!

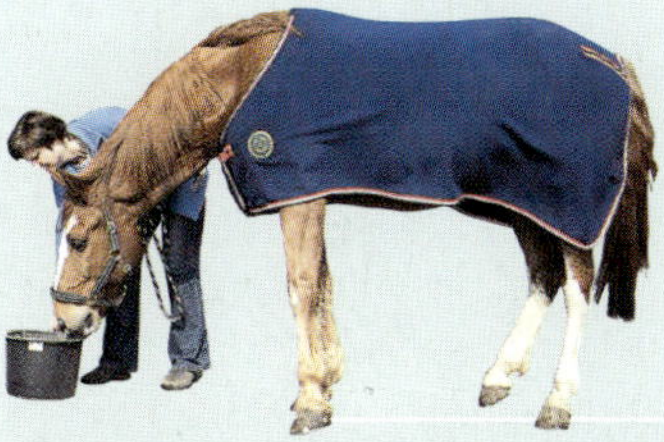

Symptome einer Kolik

Egal um welche der Koliken es sich handelt, gibt es im Allgemeinen für alle die gleichen Symptome, wobei Pferde sehr individuell auf diese Schmerzen reagieren. Zum Teil sicherlich rassebedingt – je hochblütiger ein Pferd ist, desto sensibler ist es oft in seinem Schmerzempfinden. Und es treten natürlich nicht immer alle Symptome gleichzeitig auf. Das nächste Kapitel geht genauer auf die verschiedenen Symptome bei den unterschiedlichen Kolikarten ein.

Wenn Sie auch nur den geringsten Verdacht einer Kolik haben, rufen Sie bitte unbedingt den Tierarzt. Kolik kann glimpflich ohne ärztlichen Eingriff abklingen. Aber die Erfahrung zeigt, dass das eher die Ausnahme ist und eine verschleppte, zu spät behandelte Kolik tödlich sein kann. Je früher ein Kolikpferd behandelt wird, desto größer sind die Heilungschancen.

Auch Flehmen – das Hochziehen der Oberlippe – kann ein Anzeichen für Kolik sein.

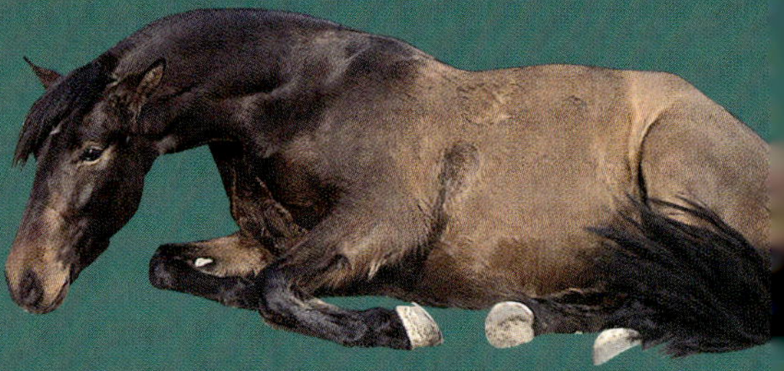

Bei Pferden, die sich immer wieder hinlegen, aufstehen, wälzen und mit so einem Schmerzgesicht liegen bleiben, kann man von einer Kolik ausgehen.

Symptome:

- Das Pferd frisst nicht oder nur wenig und macht ungewöhnlich oft Pause.
- Es scharrt mit den Hufen, bewegt sich unruhig von einem Platz zum anderen. Es dreht sich um sich selbst, legt sich hin, steht wieder auf.
- Es wälzt sich immer wieder ohne Wohlbehagen.
- Es schaut sich sowohl im Liegen als auch im Stehen nach seinem Bauch um.
- Es schlägt mit der Hinterhand nach seinem Bauch, als würden dort Fliegen sitzen.
- Es schlägt vermehrt und aggressiv mit dem Schweif, ohne dass Insekten die Ursache sind.
- Viele Pferde flehmen.
- Das Pferd zeigt ein Schmerzgesicht: Über den Augen entstehen die so genannten Kummerlöcher. Die Nüstern sind leicht hochgezogen und die Maulpartie ist verspannt, die Pupillen sind geweitet. Einige Pferde knirschen sogar mit den Zähnen.
- Das Pferd schwitzt. Bei bestimmten Kolikarten läuft der Schweiß regelrecht am Körper herunter.
- Die meisten Pferde reagieren bei Kolik mit Unruhe. Aber es gibt auch die Variante der Bewegungsunlust. Sie lassen sich kaum von der Stelle bewegen, wirken apathisch und teilnahmslos.

Verschiedene Kolikarten

Die im Folgenden aufgeführten Ursachen und Symptome der einzelnen Kolikarten sind so zu verstehen, dass sie am häufigsten bei den entsprechenden Kolikarten vorkommen.

Das bedeutet aber nicht, dass nicht auch ein anderes Symptom oder eine andere Ursache bei einer bestimmten Kolikart auftreten kann.

Krampfkolik

Ursachen: Fütterungsfehler (schlechte Futterqualität, Futterumstellung) oder Wetterumschwünge

Symptome: Anfangs treten vermehrt Darmgeräusche auf, vermehrter Kotabsatz, häufig auch Durchfall. Das Pferd ist unruhig, legt sich hin, steht wieder auf, wälzt sich. Je weiter die Kolik fortschreitet, desto weniger Darmgeräusche gibt es. Kein Kotabsatz mehr. Das Pferd wird ruhiger. Rektal kann der Tierarzt angespannte Darmschlingen tasten.

Prognose: Günstig bei rechtzeitiger Therapie

Gaskolik (Windkolik)

Ursachen: Übermäßige Gasentwicklung im Magen-Darm-System. Dadurch nimmt der Durchmesser der betroffenen Darmabschnitte extrem zu. Das Pferd hat Schmerzen. Das Gas steigt nach oben und als Folge ist eine Lageveränderung der betroffenen Darmabschnitte möglich. Bei starker Gasbildung kann es zu einer so großen Volumenzunahme im Bauchraum kommen, dass sogar das Zwerchfell nach vorne gedrückt wird. Dadurch erschwert sich die Atmung. Außerdem werden die Venen des Darms bei starkem Druck durch die Gase zusammengedrückt und der Blutabfluss wird behindert. Wenn die Durchblutung der Darmabschnitte gestört wird, kann es eventuell zum Absterben der betroffenen Abschnitte kommen.

Ausgelöst wird dieser Prozess:

- durch Gas bildende Futtermittel, zum Beispiel Klee, frisch gemähtes Gras, Rasenmäherschnitt, angewelktes überhitztes Grünfutter, Kartoffeln, nicht gut abgelagertes Heu und vieles mehr.
- durch Darmverschluss. Dadurch kann das Gas, das in normaler Menge produziert wird, nicht weitergeleitet werden und staut sich.

Symptome: Sie treten meistens relativ zeitnah (innerhalb einer Stunde) nach dem Fressen der auslösenden Futtermittel auf, aber auch im Anschluss an eine Kolik mit Darmverschluss. Die Pferde äußern unterschiedlich deutlich ihr Schmerzempfinden. Meistens wächst der Bauchumfang ein- oder beidseitig (besonders die Hungergrube seitlich zwischen Rippenbogen und Hüfthöcker). Anfangs kommt es noch zum Gasabgang über den Enddarm. Das Pferd setzt vermehrt Kot ab und man hört die Darmgeräusche besonders laut, da das Gas als Resonanzkörper funktioniert. Später erfolgt kein Kotabsatz mehr und die Geräusche werden weniger und verschwinden ganz.

Wenn sich auch im Magen Gase befinden, kann es sein, dass das Pferd mitunter rülpst.

Das Pferd atmet schwer, es schwitzt, der Puls ist erhöht. Bei der rektalen Untersuchung fühlt der Tierarzt gut die Aufgasung. Zum Teil sind einige große Darmabschnitte so stark aufgebläht, dass das eigentliche Grundleiden, der Darmverschluss, nicht mehr fühlbar ist.

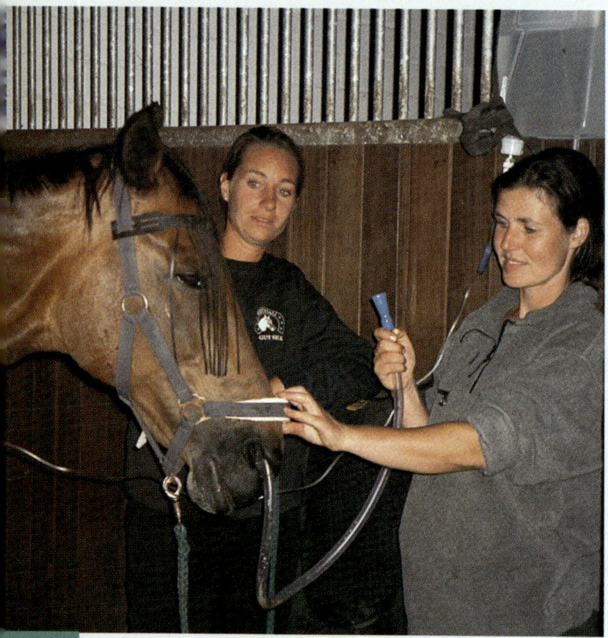

Durch die Nasenschlundsonde konnten die überschüssigen Gase aus dem Magen entweichen. Das Pferd stand zwei Tage mit dieser Sonde und konnte so – ohne Operation – gerettet werden.

Infusionen stützen zum einen den Pferdekreislauf. Die zugeführte Flüssigkeitsmenge ist aber auch für die Darmtätigkeit und das Einweichen des Darminhalts wichtig.

Prognose: Die kann nur sehr vorsichtig ausfallen. Denn bei einer rasanten Gasentwicklung kann der Tod innerhalb weniger Stunden durch Ersticken eintreten.

Verstopfungskolik

Sie ist nach der Krampfkolik die häufigste Kolikform. Dabei kommt es zu einer Eindickung des Darminhaltes. Die Futtermasse kann nicht mehr ungehindert durch den Darm transportiert werden. Als Folge weitet sich der Darm. Am häufigsten sind der Dick- und der Blinddarm von dieser Kolikart betroffen. Eine Dünndarmverstopfung ist sehr selten.

Ursachen: zu viel und falsches Futter (hartfaseriges Heu; wenn Pferde aus Langeweile zu viel Stroh, Einstreuspäne, Holz, Baumrinde, Sand oder Erde fressen); ungenügendes Kauen und Einspeicheln (gieriges Fressen durch Stress, zu kurze Raufutterhäcksel, Heucobs, Pellets, Rasenmähergras); Zahnfehler; Bewegungsmangel; träger Darm – vor allem bei älteren Pferden; gestörte Darmflora; Darmlähmung; Darmverschluss; Darmkrampf und dadurch Verengung des Darmes.

Symptome: Bei der eher selteneren Dünndarmverstopfung hat das Pferd einen heftigen Schweißausbruch. Bei der Dick- und Blinddarmverstopfung schwitzt das Pferd hingegen nur sanft. Es zeigt lange Zeit keine Symptome und frisst auch weiter, allerdings mit weniger Appetit. So paradox es klingen mag: Gerade bei einer Darmverstopfung kann das Pferd Durchfall haben. Das liegt daran, dass nur Wasser und kleine Bestandteile den Darm passieren können, während die festeren und größeren hängen bleiben.

Prognose: Sie ist bei einer Dick- und Blinddarmverstopfung und bei einer rechtzeitigen Therapie günstig. Sehr vorsichtig bis ungünstig sind die Heilungschancen bei einer Dünndarmverstopfung einzuschätzen.

Kolik mit Lageveränderung des Darms

Es gibt ganz unterschiedliche Arten der Lageveränderung. Zum Beispiel eine Drehung des betroffenen Darmabschnittes um die Längsachse oder um die Querachse; Verschlingungen von Darmabschnitten miteinander; Einstülpungen zweier Darmabschnitte ineinander. Das ist sowohl im Dickdarm als auch im Dünndarm möglich. Der Darm ist durch diese Lageveränderungen in seiner Beweglichkeit gestört und oftmals auch in der Blutversorgung, da Gefäße durch die Drehung abgeklemmt werden. Die Darmlichtung (Darmlumen) ist meist zum größten Teil verengt.

Ursachen:

- Stark erhöhte Darmperistaltik (Muskelkontraktion) während einer Kolik – das ist die Hauptursache
- Mechanische Einwirkung durch Wälzen
- Sand: ein schwerer Darmabschnitt zieht den Darm herunter
- Gase im Darm: der Darm neigt dazu hochzusteigen.

Symptome: Meistens Koliksymptome (Schmerzen!), Kreislaufprobleme, Schweißausbrüche. Anfangs sind die Darmgeräusche verstärkt, später hören sie ganz auf. Die Herz- und Atemfrequenz ist erhöht, ebenso die Temperatur. Das Pferd atmet sehr oberflächlich, es ist ausgetrocknet. Als Test hierfür nehmen Sie am Hals eine Hautfalte, kneifen kurz zu und lassen dann los. Bildet sie sich nicht sofort zurück, sondern bleibt stehen, leidet das Pferd unter Austrocknung.

Rektal ist vom Tierarzt meist eine Verlagerung zu ertasten, sekundär eventuell eine Aufgasung, wenig bis gar kein Darminhalt, Schleim im Enddarm, Lageveränderung.

Therapie: Eine ambulante Therapie reicht in der Regel nicht aus und das Pferd muss schnellstmöglich in eine Klinik gebracht werden, die Kolikoperationen durchführt. Dort werden dann im Regelfall Infusionen, schmerzstillende und krampflösende Medikamente verabreicht, eine Magenspülung gemacht und schließlich eine Operation durchgeführt. In den letzten Jahren haben sich die Narkose- und Operationstechniken immer mehr verbessert, sodass die Erfolgszahlen weiter steigen.

Durch die rektale Untersuchung kann eine Darmverlagerung ertastet werden.

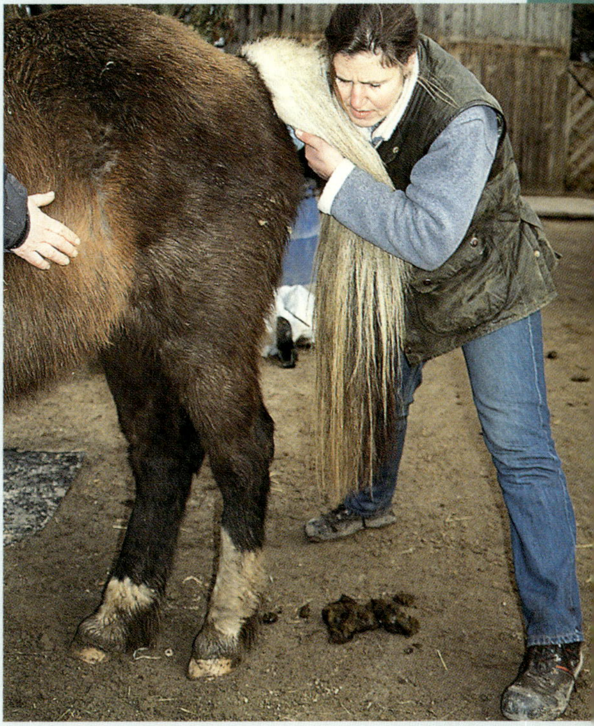

Prognose: Ohne Operation ist der Tod innerhalb von zwölf Stunden möglich – aber vielleicht auch erst nach einer vierwöchigen Erkrankungsdauer, wenn keine OP gemacht wird.

Pferde, die zeitig operiert werden, haben eine recht günstige Prognose, wenn man auch vorsichtig bleiben muss. Je länger eine Verlagerung besteht, desto größer ist der irreversible Schaden des Darmes und damit verschlechtert sich die Prognose erheblich. Ein stabiler Zustand des Kreislaufs verbessert die Prognose sehr.

Prophylaxe: Je früher jede scheinbar noch so leichte Kolik behandelt wird, desto eher kann man eine Verlagerung vermeiden, die sich meistens aus einer anderen Kolikform entwickelt. Wenn diese innerhalb von ein bis zwei Stunden fachgerecht therapiert wird, treten wesentlich seltener Verlagerungen auf.

Kolik durch Verstopfung der Darmartie

Ursachen: Palisadenwürmer – in diesem Fall die großen Strongyliden. Die Larve dieser Würmer wandert in den Arterienwänden und verursacht so einen entzündlichen Prozess. Dadurch entwickeln sich Blutthromben, die das Innere der Arterie verkleinern, bis sie komplett verstopft ist. Die Thromben können sich auch von der Wand lösen und als so genannte Emboli mit dem Blutstrom abgeschwemmt werden, bis sie in kleinere Arterien gelangen und auch diese verstopfen. Der Darm kann sich durch eine Durchblutungsstörung nur noch träge oder gar nicht mehr bewegen.

Symptome: Diese Kolik kommt meist ohne äußerlich erkennbaren Grund, wie zum Beispiel Wetterumschwung, Futter und Ähnliches. Es sind alle Formen der Koliksymptome möglich. Meist sind Darmgeräusche vorhanden. Rektal tastet der Tierarzt wenig Aufgasung, der Darm ist unverändert. Nur bei einer extrem starken Kolik kommt es zu Aufgasungen und stark gespannten Darmteilen.

Therapie: Neben der allgemeinen akuten Koliktherapie muss das Tier mit Ivermectin oder einem vergleichbaren Wirkstoff entwurmt werden.

Prophylaxe: Mindestens vier Mal pro Jahr mit geeigneten, wechselnden Präparaten entwurmen. Auf eine sorgfältige Weide- und Stallhygiene achten.

Innere Verlegung des Darms

Ursachen: Darmsteine, harte Kotmasse, Pflanzenbälle, Haarbälle, Blutergüsse, zusammengeballte Parasiten

Symptome: Das Pferd zeigt meistens über einen längeren Zeitraum die typischen Koliksymptome mittlerer Stärke (siehe Kapitel „Symptome“). Anfangs gibt es noch Kotabsatz, bei fortschreitender Kolik nicht mehr. Rektal fühlt der Tierarzt anfangs einen gefüllten Mast- und letzten Dickdarmteil, später ist beides leer.

Prognose: Ohne Operation droht dem Pferd nach etwa ein bis zwei Wochen der Tod nach zunehmender Störung des Allgemeinbefinden.

Erste Hilfe bis der Tierarzt kommt

Man kann als Besitzer bereits einiges tun, um dem Pferd zu helfen, bis der Tierarzt kommt. Doch der muss auf alle Fälle gerufen werden.

Für alle Kolikarten gilt:

- sofortiger Futterentzug
- Legen Sie je nach Jahreszeit eine leichte Abschwitzdecke auf, um den Kreislauf nicht noch mehr zu belasten.
- Führen Sie das Pferd ruhig im Schritt (nicht longieren oder belasten).
- Entgegen vieler Ansichten lassen Sie das Pferd bitte nicht wälzen. Denn dann kann sich der Darm verschlingen. Und eine Kolik, die bis dahin problemlos therapierbar gewesen wäre, ist dann nur noch mit einer Operation zu beheben – wenn sie nicht sogar das Ende des Pferdes bedeutet. Ein Koliker sollte sich nur unter tierärztlicher Kontrolle wälzen dürfen.
- Wirken Sie beruhigend auf das Pferd ein und vermeiden Sie Aufregung und zusätzlichen Stress.

Pferde, die unter Kolik leiden, sollten unbedingt ruhig geführt werden, ohne dass sie auskühlen und sich überanstrengen.

Untersuchung

Jede Untersuchung muss mit einem ausführlichen Bericht des Tierbesitzers oder Pflegers beginnen. Dabei erfährt der Tierarzt so viel wie möglich über die Ursachen der Kolik. Zu dem Vorbericht gehören Informationen über das Fressverhalten, das Futterangebot, den Kotabsatz, Schwitzen, die vorangegangene Bewegungsanforderung, besondere Ereignisse. Die Wartezeit bis zum Eintreffen des Tierarztes kann der Besitzer deshalb gut nutzen, um sich über diese Fakten Gedanken zu machen beziehungsweise die entsprechenden Informationen einzuholen von denjenigen, die das Pferd geritten, gefüttert oder gemistet haben.

Als Nächstes untersucht der Tierarzt das Verhalten des Pferdes. Er prüft die Bauchgröße und -form. Der Bauch wird mit dem Stethoskop abgehört. Links sind die Dünn- und Dickdarmgeräusche zu hören und rechts die Blinddarmgeräusche. Innerhalb von zwei Minuten sollten in allen Teilabschnitten Geräusche zu hören sein.

Geräuschanomalien liegen dann vor, wenn sich zum Beispiel die Geräuschfrequenz verringert bis hin zu keinerlei Geräusch, oder wenn sich die Intensität verringert. In Einzelfällen kann aber auch gerade eine erhöhte Frequenz und Lautstärke krankhaft sein. Laienhaft das Ohr an den Bauch zu drücken und festzustellen „Es rumpelt aber ordentlich, dann kann es keine Kolik sein" ist schlicht falsch.

Das Abhören des Herzens gibt ebenfalls Aufschluss über die Krankheit. Die Herzfrequenz sollte zwischen 36 und 40 Schlägen in der Minute liegen. Bei Kolikpatienten ist sie häufig höher. Wenn sie an die 60 heranreicht, kann es lebensbedrohlich werden. Durch Toxinbildung (Vergiftungen) im Verdauungstrakt kann es auch zu Herznebengeräuschen kommen.

Der Puls sollte ebenfalls bei 36 bis 40 Schlägen in der Minute liegen. Er und die Farbe der Schleimhäute geben Auskunft über den Kreislaufzustand des Patienten. Die Schleimhäute sind im Normalzustand blass-rosa. Bei Anomalien zeigen sie sich oft gerötet, blau oder verwaschen.

Die Atemfrequenz liegt im Normalfall etwa bei 16 in der Minute. Bei einer Kolik ist die Atmung wegen der Schmerzen oft sehr schwer oder passiert vorwiegend über die Rippen in erhöhter Frequenz. Normalerweise findet bei Pferden (und auch Menschen) eine Rippen-Bauch-Atmung statt.

Neben der Messung der Köpertemperatur (sie sollte bei 37 bis 38 Grad Celsius liegen) spielt auch die Köperoberflächentemperatur eine wichtige Rolle. Sie reicht auch bei einer Kolik von normal bis heiß- oder kaltschweißig. Pferden mit großen Schmerzen läuft manchmal der kalte Schweiß in Sturzbächen am ganzen Körper herunter. Das ist oftmals ein Anzeichen für Dünndarmverlagerungen.

Wenn frischer Kot vorhanden ist, wird der gründlich untersucht. An der Konsistenz und Farbe kann der Fachmann bereits vieles erkennen. Fast immer finden sich Kotreste im letzten Darmteil, die der Tierarzt bei der rektalen Untersuchung entfernen kann und muss. Diese Art der Untersuchung darf nur vom Tierarzt unternommen werden, da es bei unsachgemäßer Durchführung zu erheblichen Verletzungen kommen kann. Sehr kleine Pferde und Fohlen können wegen der anatomischen Verhältnisse gar nicht rektal untersucht werden.

Auch wenn bei dieser Untersuchung nur die hinteren rund 40 Prozent des Bauchraumes ertastet werden können, gibt sie doch einigen Aufschluss: Im Normalzustand ertastet der Tierarzt links oben die Milz, den hinteren Teil der linken Niere, das Milz-Nierenband. Bei Stuten den linken Eierstock und die linke Hälfte der Gebärmutter. Rechts oben sollte sich ein Teil des Blinddarmes ertasten lassen, der rechte Eierstock und die rechte Hälfte der Gebärmutter. Im unteren Bereich ertastet der Tierarzt verschiedene Abschnitte des Dickdarmes und die Harnblase. Bei Wallachen und Hengsten den Leistenspalt. Bei einem krankhaften Befund findet der Fachmann aufgetriebene Dünndarmschlingen, gasgefüllte Blind- oder Dickdarmschlingen, mit Darminhalt angeschoppte oder verstopfte Darmschlingen, Lageveränderungen von Darmabschnitten oder Leere in einzelnen Bereichen, verdickte Darmwände, Schwellung oder Lageveränderung der Milz, Abszesse und Tumore, raue Oberfläche am Bauchfell, muskuläre Anomalien (zu verkrampft, dauerhaft zu weich), Verletzungen im Enddarm (Risse), eine stark gefüllte Blase durch Entleerungsstörungen oder einen zu wässrigen Darminhalt.

Der Einsatz der Nasenschlundsonde hat sowohl einen diagnostischen als auch bereits einen therapeutischen Wert. Da die meisten Pferde bei dieser Untersuchungsmethode mit starken Abwehrmechanismen reagieren, muss eine Nasenbremse oder Sedierung angewandt werden.

Ein etwa 120 Zentimeter langer und bis zu zwei Zentimeter dicker Spezialschlauch wird durch die Nüster in den unteren Nasengang zum Schlundkopf eingeführt (rund 30 bis 35 Zentimeter). Im Normalfall wird dadurch beim Pferd ein Schluckimpuls ausgelöst und der Schlauch gelangt durch das Abschlucken in die Speiseröhre und den Magen.

Diagnostik:

Beim Einführen in den Magen treten aus dem Schlauchende Magengase aus, aus deren Geruchsqualität und Quantität der Tierarzt bereits einiges ablesen kann. Durch Abhebern (der Schlauch wird angesaugt und dadurch der Mageninhalt zum Ausfließen animiert) kann auch der Mageninhalt geprüft werden.

Therapie:

Durch das Entleeren des Mageninhaltes wird der Druck auf den oberen Teil des Dünndarmes entfernt oder verringert. Denn das Pferd kann – anders als Menschen und zum Beispiel Hunde – nicht von alleine erbrechen. Bereits das Ablassen der Magengase entlastet den Magen und verringert so die Schmerzen. Wenn die Magengase weder durch den Darm, noch durch die Speiseröhre in ausreichender Menge abgehen, kann der Magen im Extremfall platzen.

Der Tierarzt kann diverse Blutparameter (Blutdicke, Leukozyten) bereits vor Ort zur Diagnostik heranziehen. Spätestens ein umfangreicheres Blutbild kann Auskunft über den Allgemeinzustand oder Parasitenbefall und damit eventuelle Kolikursachen geben.

Viele Kolikpatienten werden an einen Tropf gehängt, über den sie intravenös Flüssigkeiten in Form von Kochsalzlösungen, Mineral- und Zuckerlösung zugeführt bekommen. Die Menge variiert von zehn bis 30 Litern pro Tag. Durch die Infusion soll der Kreislauf stabilisiert werden und Verstopfungen durch Flüssigkeitszufuhr gelöst werden.

Auch eine Bauchhöhlenpunktion kann von diagnostischem Nutzen sein. Sie sollte nur in der Klinik gemacht werden. Dabei wird durch eine Punktion Flüssigkeit aus der Bauchhöhle gezogen, indem eine Kanüle in den unteren Bauchbereich eingeführt wird. Die entnommene Menge reicht von drei bis 500 Milliliter je nach Erkrankung des Pferdes. Die Menge, aber vor allem auch ihre Konsistenz, Farbe, Geruch, Durchsichtigkeit und Inhaltsstoffe (Zellen, Bakterien, Futterbestandteile) geben Auskunft über die Kolikursachen.

Bei einer unklaren Diagnose kann sogar eine Kolikoperation noch zur Diagnostik hinzugezogen werden. Das nennt man eine Probe-Laparatomie. Entweder kann man dabei die Ursachen für die Kolikbeschwerden sofort erkennen (Darmschlingen, Tumore und Ähnliches) und sie gegebenenfalls auch gleich beheben. Ist das nicht möglich, sollte man das Tier sofort einschläfern, da keine Heilungschancen bestehen.

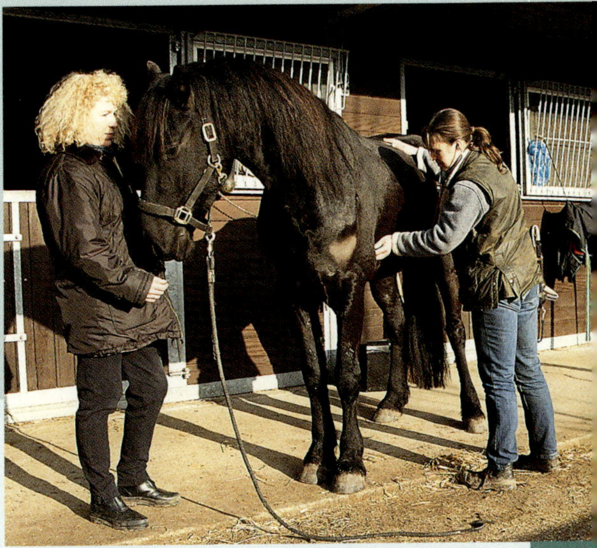

Absoluter Standard bei der Kolikuntersuchung sind das Abhören des Herzens und der Darmgeräusche, die rektale Untersuchung ...

... und die Überprüfung der Schleimhäute als Symptom für den Kreislaufzustand des Pferdes.

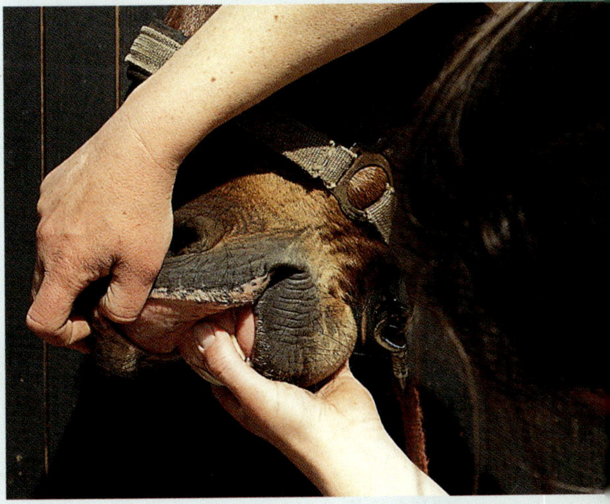

Einläufe über eine Nasenschlundsonde eignen sich hervorragend zur Medikamentengabe direkt in den Magen.

Therapie

Was kann der Tierarzt vor Ort tun?

Nach einer ausführlichen Untersuchung ist der Tierarzt vor Ort auf wenige, aber effektive Therapiemethoden beschränkt. Je nach Art der Kolik werden dem Patienten verschiedene krampf- und schmerzstillende Mittel intravenös gegeben.

Er hat die Möglichkeit über eine Nasenschlundsonde Medikamente, etwa bis zu fünf Liter Paraffinöl, Wasser, Salzlösungen (Glaubersalz) oder medizinische Kohle direkt in den Magen einzuführen. Außerdem kann der Tierarzt über die Sonde eine Magenspülung vornehmen. Kolikpatienten sollten alle zwei bis vier Stunden kontrolliert werden, da dann meistens die Wirkung der Spritzen nachlässt und das Pferd auf anhaltende oder wiederkehrende Koliksymptome untersucht werden muss.

Was kann der Besitzer tun?

Wenn der Tierarzt vom Hof ist, beginnt für den Pferdebesitzer erst die eigentliche Arbeit – und die kann manchmal über viele Stunden gehen. Mit Vorliebe übrigens nachts. Halten Sie sich bitte strikt an die Anweisungen des Tierarztes, was genau im Fall der aktuellen Kolik zu tun ist.
In der Regel gilt:

- Es muss unbedingt darauf geachtet werden, dass das Pferd kein Futter mehr zu sich nehmen kann – auch kein Stroh. Deswegen sollte jede Stallanlage für Notfälle eingeschweißte Spänebalen vorrätig haben, damit Kolikpatienten die nächsten Tage darauf gehalten werden können. Viele Besitzer meinen es gut und geben „ja nur ein paar winzige Halme", aber genau die sind zu viel und schaden mehr, als dass sie Freude bringen. Sollte eine Späneeinstreu nicht möglich sein oder Ihr Pferd selbst die Hobelspäne zu fressen beginnen, organisieren Sie sich einen Maulkorb für Ihr Pferd, mit dem es definitiv nicht fressen kann. Nur dann kann es auch auf Stroh stehen. Der Maulkorb muss unbedingt passen und darf auf gar keinen Fall zu locker sitzen, da sich das Pferd sonst darin verfangen kann. Kombinieren Sie ihn am besten mit einem gut sitzenden Stallhalfter.
- Das Pferd muss – soweit es der Kreislauf zulässt – langsam geführt werden, sodass die Darmtätigkeit wieder in Schwung kommen kann.
- Es ist dringend erforderlich, nach rund zwei bis vier Stunden, wenn die Schmerzmittel in ihrer Wirkung nachlassen, gründlich zu überprüfen, ob nach wie vor Koliksymptome bestehen oder wieder auftreten. Dann muss der Tierarzt erneut kommen.
- Nach einer Verstopfungskolik ist es besonders wichtig, dass das Pferd über einen längeren Zeitraum mit kleinen Mengen Raufutter angefüttert wird und so zu einer normalen Darmtätigkeit zurückfindet.
- Das Tier sollte die Möglichkeit haben, sich ruhig zu bewegen, am besten auf einem Sandauslauf. Aber bitte nicht auf einer kurzgefressenen Weide, wo es noch vereinzelt Grashalme zupfen kann. Es darf direkt nach einer Kolik auch kei-

Bei den ersten Kolikanzeichen sollte beim Pferd unbedingt die Nahrungsaufnahme unterbunden werden. Entweder durch eine mit Spänen eingestreute Box ...

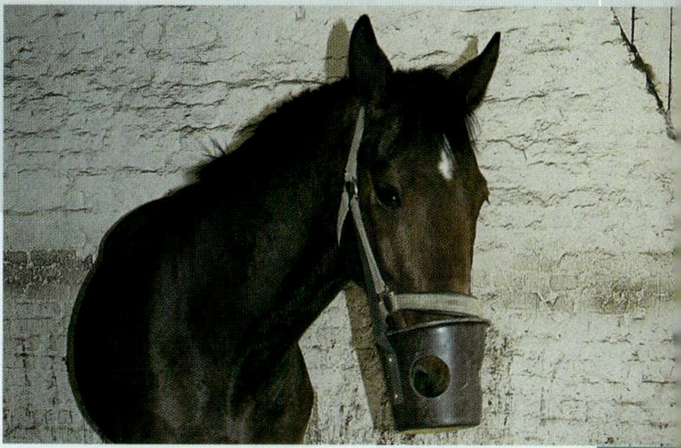

... oder, wenn das nicht möglich ist, durch einen Maulkorb, der allerdings wirklich keine Futteraufnahme zulassen darf.

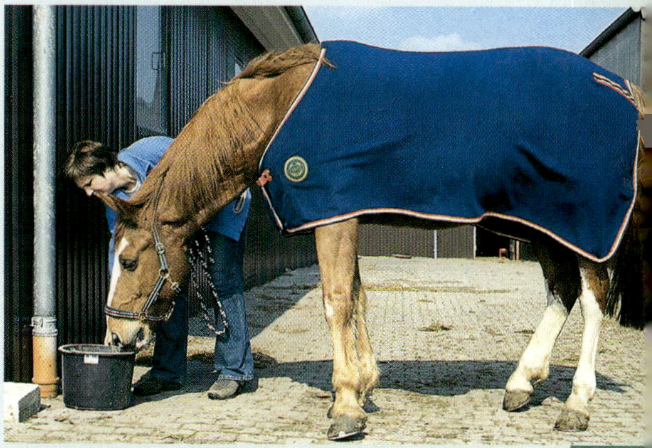

Wasser sollte dem Pferd aber immer wieder, am besten kontrollierbar über Eimer, angeboten werden – und nicht über die Selbsttränke.

ner großen reiterlichen Belastung ausgesetzt werden.

- Stellen Sie Ihr Pferd unbedingt zugfrei unter. Halten Sie es bei kalten Außentemperaturen und kaltem Wind gegebenenfalls mit einer Abschwitzdecke warm.
- Sorgen Sie unbedingt dafür, dass Ihr Pferd ausreichend sauberes Wasser zur Verfügung hat!
- Das Pferd darf nur langsam wieder angefüttert werden. Erst nach 24 Stunden darf wieder mit kleinen Mengen Heu begonnen werden, die im Laufe einer Woche wieder auf das normale Futtermaß aufgestockt werden können. Kraftfutter darf meist erst nach 48 Stunden und dann in kleinen Mengen gefüttert werden. Beachten Sie unbedingt die Fütterungsanweisung des Tierarztes.

Homöopathische Mittel werden in Wasser aufgelöst und in regelmäßigen Abständen mit einer Spritze in die Maulhöhle gegeben.

Hinweis

Nach einer Kolik bietet es sich an, dem Pferd das Anfüttern und richtige Verdauen mit frisch angerührtem Mash zu erleichtern. Bitte lassen Sie den Mash aber unbedingt ausreichend lange aufquellen, bevor Sie ihn dem Pferd anbieten und füttern Sie es nur nach tierärztlicher Rücksprache.

Alternative Methoden zur Unterstützung

Nux Vomica C 30 (Globuli):

Wer bereits die ersten Koliksymptome bei seinem Pferd mitbekommt, kann unter Umständen noch mit einem homöopathischen Mittel eine Linderung erzielen. Es ersetzt aber keinen Arztbesuch! Rufen Sie den Tierarzt bevor Sie mit der Nux Vomica-Behandlung beginnen, denn bei einer Kolik können 60 Minuten lebensrettend sein! Lösen Sie drei bis fünf Kügelchen Nux Vomica C 30 in einem Wasserglas auf. Benutzen Sie bitte keine Metallgegenstände um umzurühren, das verträgt sich nicht mit diesen Mitteln. Ziehen Sie rund 15 bis 20 Milliliter in einer Einwegspritze auf und geben Sie es Ihrem Pferd über das Maul. Wenn Sie kein Wasser oder Behältnis zum Auflösen zur Hand haben, schieben Sie jeweils zwei Kügelchen zwischen Lippe und Zahnfleisch des Pferdes. Wiederholen Sie diese Prozedur drei Mal im Abstand von 20 Minuten.

Nux Vomica-Homaccord (flüssige Verdünnung):

Ein homöopathisches Kombinationspräparat, das eine größere Wirkungsbandbreite als das reine

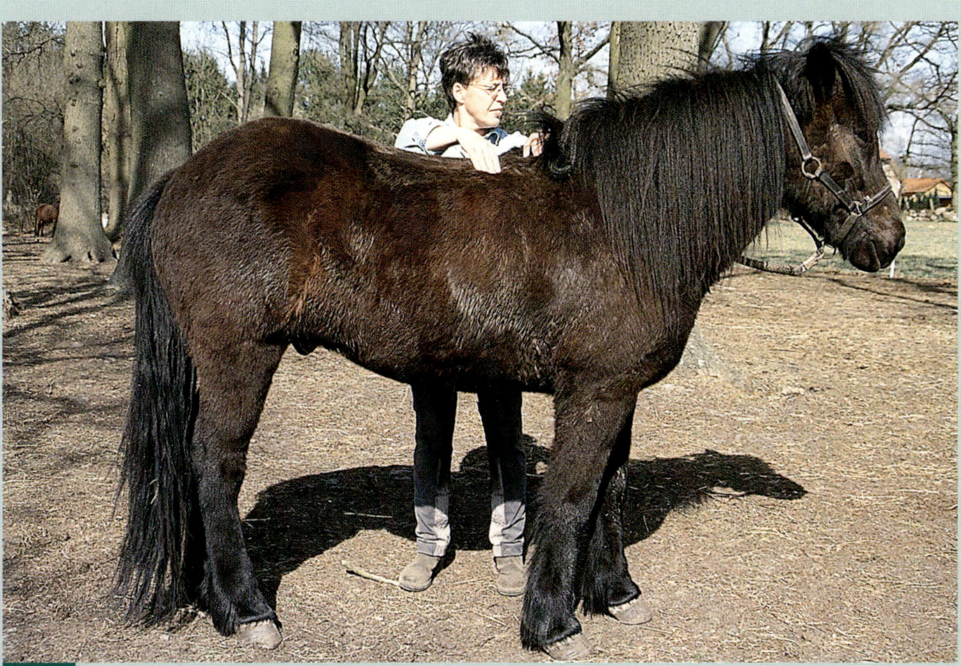

Im ersten Reflex möchte man dem Pferd gerne die Bauchschmerzen wegmassieren. Besser ist es allerdings, die Energie in den Rücken zu leiten und von dort abzustreichen.

Nux Vomica hat. 20 Tropfen bei Verdacht einer Kolik, 30 Tropfen im akuten Fall unverdünnt auf die Schleimhäute der Unterlippe. Die Wirkung muss umgehend eintreten!

Colosan:

Geben Sie bei ersten Kolik-Anzeichen oral (ins Maul). Es hat eine entkrampfende Wirkung.

Massage:

Sie können Ihrem Pferd auch die Bauchschmerzen lindern, indem Sie die Energie aus den Meridianen, die links und rechts neben der Wirbelsäule liegen, herausstreichen. Bitte nicht den Bauch direkt massieren, das konzentriert die Energie nur. Streichen Sie stattdessen mit beiden Zeigefingern mit leichtem Druck vom Nacken bis hinunter am Schweif entlang neben der Wirbelsäule mit ruhigen Bewegungen und atmen Sie selbst dabei ruhig und tief.

Kolikoperationen

Koliken, die durch die oben genannten Therapien nicht ausheilen, müssen operiert werden. Dazu gehören starke Verstopfungen, Darmverlagerungen und -verschlingungen, Sandkoliken und eventuell auch Gaskoliken.

Bei einer Kolikoperation wird das Pferd unter Vollnarkose auf dem Rücken liegend an der Bauchlinie geöffnet. Bei Darmverlagerungen und -verschlingungen wird der Darm wieder richtig positioniert. Wenn bereits Teile abgestorben sind, müssen diese entfernt werden. Solche Eingriffe bedeuten ein großes Heilungsrisiko.

Angeschoppte und verstopfte Darmteile versucht der Arzt über eine Massage im Darm weiter zu transportieren. Wenn das nicht hilft, muss auch hier der Darm geöffnet werden. Das ist oftmals bei extremen Sandansammlungen der Fall. Manchmal holen die Ärzte bis zu einer Schubkarre voll aus dem Pferdedarm. Verklebungen werden wenn möglich gelöst, Tumoren und Abszesse entfernt.

Bei Gaskoliken ohne Bauchraumöffnung wird dem sedierten Pferd von außen in den aufgegasten Darm eine Punktion gesetzt und so das Gas abgelassen.

Kolikoperationen sind sehr personalaufwendig und werden nicht von allen Kliniken durchgeführt. Informieren Sie sich bitte vorher, wo die für Sie nächstgelegene Pferdeklinik ist, die auch Kolikpatienten aufnimmt, und legen Sie sich Wegbeschreibung und Telefonnummer in den hoffentlich gut ausgestatteten Erste-Hilfe-Schrank.

Heilungschancen und Risikopatienten

Jede anfänglich harmlose Kolik kann tödlich enden, da es sich bei dieser Krankheit um einen sehr dynamischen Prozess handelt. Deswegen ist es so immens wichtig, von Anfang an einen Tierarzt hinzuzuziehen!

Krampfkoliken haben bei einer rechtzeitigen Therapie eine etwas günstigere Prognose als Verstopfungskoliken im Dick- und Blinddarm. Dünndarmverstopfungen und Gaskoliken sind sehr schwierig therapierbar.

Darmverlagerungen lassen sich in der Regel ohne eine Operation nicht richtig zurücklagern, aber Wunder gibt es immer wieder. Eine Operation, bei der Darm nicht angeschnitten werden muss, hat fast immer eine günstige Heilungsprognose. Schwierig wird es dann, wenn Teile des Darmes entfernt oder geöffnet werden mussten.

Prophylaxe

Eine Kolik ist immer als eine Warnung für den Pferdehalter zu sehen. Sie sollte als Chance wahrgenommen werden, um die Haltungs- und Fütterungsbedingungen des Pferdes gründlich darauf zu überprüfen, ob sie wirklich artgerecht sind. Das gilt auch für den Fall, dass Sie die Versorgung Ihres Pferdes als Einsteller an einen Pferdebetrieb abgegeben haben. Überzeugen Sie sich immer wieder selbst davon, dass das vorgelegte Futter einwandfrei und in dem Pferd angepasster Menge gegeben wird. Sowohl ein Zuviel, als auch ein Zuwenig kann schädlich sein. Das gilt auch für Bewegung und alle anderen Umstände rund ums Pferd, die den normalen Rahmen ständig überschreiten. Wir, die wir die Pferde aus ihrem natürlichen Lebensraum genommen und sie domestiziert haben, haben damit auch die Verantwortung dafür übernommen, ihnen das Leben so zu gestalten, dass sie überleben können: gesund – wenn möglich nicht nur am Leib, sondern auch an der Seele. Und zu dieser Verantwortung gehört auch, sich ausführlich über Pferdehaltung und -bedürfnisse zu informieren.